动物秘密大搜罗

动物家园的秘密

马玉玲◎编著

吉林科学技术出版社

目录

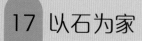

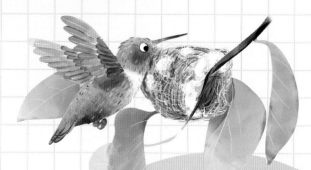

目录

每年的 4 月，震旦鸦雀就会变得十分忙碌，因为它们要开始修建新房子啦！雌雄震旦鸦雀会先商量着选出几根结实的芦苇作为房子的支撑杆，接着，它们就该挑选建筑材料了。震旦鸦雀会用嘴巴将芦苇叶撕开，叶片中的纤维正是它们所需的建材。震旦鸦雀将纤维丝缠绕在选好的芦苇上，一圈接着一圈，舒适的空中鸟巢就建好啦！

知识扩展

震旦鸦雀的自我介绍：我是震旦鸦雀，因为我们数量稀少，所以我们还被中国人称为"鸟中大熊猫"。对了，我们第一次被发现是在中国南京哟。

带刺仙人掌

生活在沙漠地区的吉拉啄木鸟很会就地取材，它们常常在高大的仙人掌上挖洞，作为自己的巢穴。如果足够幸运，吉拉啄木鸟还能"捡"到自然风干的仙人掌洞。在炎热的沙漠里，能拥有这样凉爽的住所，真的太幸福了！

干草和泥土

春天，天气渐渐地暖和起来，燕子们也要从南方返回北方繁殖啦！繁殖之前，燕子首先要做的就是装修旧家。如果旧家不幸被其他动物占领，燕子就只能搭建新家了，而泥土和干草就是燕子搭建巢穴的主要材料。

建筑材料

选好建巢地点后，就要开始准备建房的材料了。大部分的动物会从周边环境中挑选出符合自己心意的建材，泥土、树叶、自己身上脱落的羽毛，都能成为它们修建"房子"的材料。没想到吧，你眼中不起眼的废物竟成了动物们的掌中宝。走，和我去看看它们的建房材料还有什么吧！

多用粪球

蜣螂总是在推粪球，但别误会，它并不是在玩耍，而是在为蜣螂宝宝搭建婴儿房呢！蜣螂妈妈会将卵产在圆滚滚的粪球上，蜣螂宝宝出生后，便会以粪球中的粪便为食。直到成年后，蜣螂宝宝才会搬出粪球房。蜣螂宝宝的食宿问题竟这样一并解决了，真是一举两得呀！

简陋的家

因为双胸斑沙鸟对巢穴的地址、巢穴的结构不是特别的挑剔，所以，建巢对双胸斑沙鸟来讲并不是个费力气的活儿。双胸斑沙鸟的家主要由树枝、石子拼凑而来。讲究点儿的双胸斑沙鸟还会在巢穴里铺上干草和羽毛。这样，一个简单的巢穴就建好咯！

动物绒毛

攀雀的家不但外形美观，而且十分保暖。攀雀会收集大量的羊毛来建巢，有时，柳絮、花絮也会成为攀雀的建筑材料。攀雀的家毛茸茸的，不仅很可爱，还很牢固呢！敌人恐怕很难入侵。

5

知识扩展 ➡

缝叶莺的自我介绍：我是缝叶莺，我们家族包含的成员有长尾缝叶莺、黑喉缝叶莺、绿背缝叶莺、白耳缝叶莺、黄胸缝叶莺、爪哇缝叶莺、栗冠缝叶莺、灰缝叶莺等。

　　缝叶莺有着相当高超的缝补手艺，它是动物界中的"金牌裁缝"。建巢时，缝叶莺会先选出几片适合的叶子；接着，再用尖尖的嘴在叶子边缘处钻出一排小孔；最后，缝叶莺会用植物纤维、昆虫丝或人类丢弃的长线将叶子边缘连接起来，为了不让刚建好的巢垮掉，它们甚至会在线头处打上结。缝叶莺是不是很聪明？

天然胶水

幼年时期的缝叶蚁简直就是一桶免费的胶水。筑巢前，成年的缝叶蚁会仔细地挑选出几片完整、结实的大叶子，接着在树叶的边缘咬出一排规则的小洞。最后，成年蚁只需"提"着会吐黏丝的幼年蚁穿梭在叶片之间，叶片就能黏合起来了，是不是很神奇？

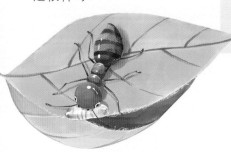

材料拼合

许多动物会用树叶、树枝等干巴巴的材料来建巢。然而，不具备出色编织手艺的它们该如何衔接材料，并使其不垮呢？别担心，这可难不倒这群小"建筑师"。自己的唾液、幼虫分泌的黏丝、人类丢弃的丝线……都能使材料拼合在一起。自己就能生产"胶水"，这也太厉害了吧！

水下"鸟巢"

寻找伴侣前，雄刺鱼往往要先在浅水区建造一座育儿"房屋"。雄刺鱼会用嘴衔来水草或藻类，接着再用自己分泌的透明黏丝将收集来的建材黏合在一起，形成一个类似鸟巢状的巢穴。有时，刺鱼还会朝巢穴泼水，以此来检验巢穴的质量。

聪明的吃货

圆掌舟蛾是个贪吃的家伙，它十分喜爱吃植物的叶子。但你发现了吗？圆掌舟蛾虽然将叶肉吃光光了，但叶脉却被完好无损地保留着。难道这个家伙有挑食的坏习惯？其实，圆掌舟蛾是在为建巢做准备。叶脉就像房梁，可以固定幼蛾吐出的丝，这样，巢穴才能更牢固哟！

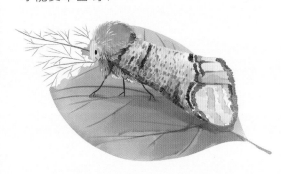

唾液黏合

如果你看见蜂王开始建巢了，那就意味着它即将生宝宝喽！为了不让刚出生的胡蜂宝宝流落街头，在胡蜂宝宝出生前，蜂王就要开始收集木浆、搭建蜂巢。蜂王会把自己的唾液与收集来的木浆混合，形成纸一样的材料。建好的蜂巢通常会有上百个大小不等的蜂室，也算得上是一座"豪宅"了！

天然黏丝

生活在水中的石蚕，是很多捕猎者钟爱的食物，因此石蚕不得不为自己打造一个"保护罩"。石蚕会用自己吐出的黏丝将树枝、树叶、石子、沙粒及贝壳等材料黏合在一起。建好"保护罩"后，石蚕还会用腹部的挂钩将其固定，瞧，"保护罩"就这样被拖走啦！

挖掘技术哪家强？动物界中找袋熊。 袋熊十分擅长挖洞，它拱状的身体就像一架推土机，而它强健的爪子则像是一架挖掘机，两者结合起来，能为它建巢提供不少帮助。坚实的骨架、有力的前肢、锋利的尖爪……袋熊注定会成为一位优秀的"挖掘大师"。更让人刮目相看的是，袋熊凭一己之力就能挖出纵深数十米的洞群，你是不是很崇拜它？

知识扩展 ➤

袋熊的自我介绍：我叫派翠克，是一只生活在澳大利亚巴拉腊特野生动物园的袋熊。目前，我是世界上最长寿的袋熊，活到了31岁。

牙齿凿洞

你知道吗？牙齿除了咀嚼食物，还能挖洞呢！裸鼹鼠居住的隧道就是它们用牙齿一点儿一点儿凿出来的。你担心裸鼹鼠的牙齿因凿洞而受到磨损？放心，它们的牙齿能不断地生长。裸鼹鼠挖土时会紧闭嘴巴，这样沙子才不会"溜"进嘴里。

建筑工具

挖洞对人类来讲十分容易，挖掘机、钩机等都是人类挖洞的重要工具。没有这些挖掘利器的动物们，就只能辛苦一下自己的身体了。粗壮、尖利的爪子，便于它们挖掘洞穴；流线型的身体，使它们的推土工作进行得更顺利；牙齿、外壳、棘刺也都没闲着，它们也为挖洞工作出了一份力！

挖洞的刺

浑身毛茸茸的沙钱也太可爱吧，真想摸摸它。别碰！那些看似是绒毛的东西，实际上是沙钱的棘刺。沙钱的表皮上布满了密密麻麻的棘刺，那些可是沙钱的挖沙利器。沙钱一般用下部的棘刺斜着向前挖洞。刺居然能挖洞，是不是头一次见？

爪子挖掘

生活在野外，谁不想拥有一双大而有力的爪子呢？土豚是个幸运的家伙，它长着强壮的四肢和锋利的爪子，这为它捕食、筑巢省下了不少力气。土豚挖土的速度很快，花不了多长时间，一个完整的地下巢穴就能建好，真不愧对它"挖地虎"的称号哇！

尖利的喙

"咣咣咣！"咦，这是什么声音？快瞧，原来是两只大斑啄木鸟正在用喙敲击树干呢！繁殖期时，雄性大斑啄木鸟和雌性大斑啄木鸟会共同筑巢，尖尖的喙就是它们凿树洞的最佳工具。可惜的是，大斑啄木鸟在这个家只会住一个繁殖期，等到下个繁殖期，它们还会重新筑巢。这也太浪费了吧！

外壳凿石

在硬硬的石头上打洞并不是一件容易的事，但穿石贝却拥有这样的本领。穿石贝的身体夹在坚硬的双壳中，穿石贝只需摇摆身体，硬壳就能与石头发生摩擦。久而久之，石头中就会出现一个环形的洞，那正是穿石贝的家。

告诉你一个小秘密：河狸这个小家伙居然住着"豪宅"。河狸的家共有两层：温暖干燥的上层是河狸的"起居室"，用来居住；而阴凉潮湿的下层则是河狸的"仓库"，用来存放食物。这么安排，是不是很合理？这可是河狸考虑了好久才做出的决定哟！

看，这都是我储存的食物，你可不要流口水哟！

河狸的自我介绍：我叫河狸，是世界上第二大啮齿类动物。我们家族中的美洲河狸是加拿大的国家象征动物。

知识扩展

树缝储食

啄木鸟是个称职的"医生"，有着十分高超的捉虫本领，树上的害虫见了它都怕极了。但你不知道的是，啄木鸟不仅会吃，还会藏。啄木鸟有一间私人的"储藏室"——树缝。啄木鸟会将吃不完的虫子藏进树缝，这样其他动物就不能偷吃啦！

储食的洞

好不容易才收集来的食物，一定要好好地保存。为了储存食物，松鼠可没少花心思。看见了吗？树干上的洞，地面上的洞，可都是松鼠的杰作，这些洞的表面往往还覆盖着一层松叶或枯草。没看出来吧，松鼠还是个伪装高手呢！

储藏室

多出来的食物应该放在哪儿？如何才能使食物久放而不变质？这是让许多动物都头疼的问题。然而，这些问题却被一群贪吃的"建筑师"们轻松地解决了。为了保存好食物，这群"建筑师"特意为自己修建了独立的储藏室。看来，为了储藏好这些得来不易的食物，它们还真是没少费心思呢！

独立储藏室

鼹鼠挖起洞来一点儿都不含糊，可以说，鼹鼠就是建造界的"小天才"。鼹鼠的家和人类的房子布局很相似，厕所、卧室及储藏室都是分隔开的。有时，蚯蚓及其他昆虫会因迷路误入鼹鼠家，于是，它们就不幸成了鼹鼠的"晚餐"。就算吃不完也不要紧，因为鼹鼠会将它们通通扔进储藏室储存起来。

种子储藏室

野蛮收获蚁在建巢时，会特意留出一间"房"作为储藏室，存放自己爱吃的植物种子。野蛮收获蚁的卧室和储藏室是分开的，它们会把植物种子藏在较高的地方，这样种子就不容易发芽啦！

香甜的储藏室

野生蜜蜂在搭建蜂巢时，会把地址选在树上或岩洞旁。它们的蜂巢被分成了好几层：最底层是"宝宝房"，中间层和最上层是储藏室，分别存放着花粉和蜂蜜。这样又香又甜的储藏室，是不是令很多动物都向往？

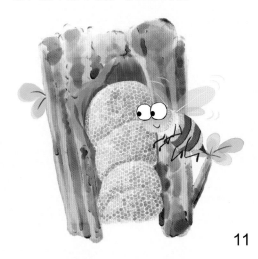

长臂猿生活在森林中，它们的大部分时间都是在树上度过的。所以，长臂猿在小时候就要跟着妈妈学习如何在树上搭床、铺床。你知道长臂猿会选择用什么来搭床、铺床吗？没错，它们会用树叶、树枝来搭床、铺床。长臂猿宝宝和妈妈搭好床喽，瞧，它们已经迫不及待地要躺上去体验一番啦！

知识扩展 ➡

长臂猿的自我介绍：我叫长臂猿，我们家族成员共包含4属16种。我们主要生活在森林中，喜欢吃浆果、榕树果、树叶、鸟蛋等食物。

哇！这床也太舒服了吧！

邻里之间

大部分的南美裸颈鹳和僧鹦鹉都会将巢搭建在树上。但有意思的是，僧鹦鹉这个狡猾的家伙常常把巢建在南美裸颈鹳的巢中，这样不仅可以节省力气，还能有一个免费的"门卫"，真是两全其美呀！

摇摇欲坠

虎头海雕会把家建在河岸高大的枯树顶上，每年，它们都会用树枝将旧家重新装修、扩大一番。因为虎头海雕是最重的鹰科之一，所以，它们的巢有时会因承受不了它们的重量而发生坍塌。看来，这些虎头海雕实在是该减肥咯！

树上乐园

在树上建造房屋，听起来好像很困难，但有些动物却能轻易办到。怎么，你不相信？我这就带你去它们的树上乐园逛一逛。许多擅长攀爬或飞行的动物都喜欢把建巢地点选在树上。居住在树上，不仅能清楚地观察到远方的敌情，还能有效防止其他动物的偷袭呢！

一级设计师

松鼠常常把家建在树枝分叉的地方。松鼠会先将收集来的小木片错杂地摆放在一起；接着，再用干苔藓将它们编扎起来；最后，手脚并用地将窝整理平整。有的松鼠窝的入口处还盖着伞状盖子，即使是下雨，也不用担心被淋湿。松鼠真不愧是动物界的"一级设计师"啊！

无奈之举

快瞧，这棵树结满了又大又长的"果子"。别激动，那些"果子"可不能吃，那些是拟椋鸟的巢。拟椋鸟喜欢把巢建在高大的树上，它们会用藤蔓和植物纤维编出袋状的巢。为什么拟椋鸟要将巢建在树枝的末端？这是为了不让其他小动物闯进它们的家。

分工协作

咦，树上怎么会有土灶？请瞧仔细，那可不是灶，而是棕灶鸟的家。雄棕灶鸟会和雌棕灶鸟共同筑巢，它们会一起搭建一个底座，接着就要分头行动啦！一只棕灶鸟负责搬运建房所用的材料——泥巴、干草等，而另一只棕灶鸟则负责给巢塑形。

　　戴胜会把家建在其他动物废弃的树洞中，有时也会建在干枯的树枝堆下。但是，如果你问戴胜最心仪的建房地址是哪儿，它会毫不犹豫地告诉你，是树洞。孵化期间，戴胜的身体会分泌出棕色的液体，这液体会让戴胜的巢穴变得臭烘烘。再加上戴胜妈妈不常清理戴胜宝宝拉在巢中的粪便，这就使它们的巢穴更加难闻了。其他动物因觉得气味难闻，便不会靠近它的巢穴啦！

知识扩展

戴胜的自我介绍：我叫戴胜，是以色列的国鸟。我的头顶长着羽冠，羽冠张开时就像一把打开的扇子。若我将羽冠收起来，贴于头部，那可能是因为我受到了惊吓。

凿洞能手

挑剔的红腹啄木鸟不喜欢使用旧巢，因此它们每年都要建个新家。红腹啄木鸟的家由雌、雄红腹啄木鸟共同建造完成。它们用喙在树干上凿洞，只需十多天，一个崭新的洞就凿好啦！

住在树洞

如果你仔细观察，就会发现那些高大的树木上总有着大小不一的洞，除去那些自然形成的洞，剩下的大多出自动物的"手笔"。对于生活在林中的动物而言，住在树洞是个相当不错的选择。厚实的树木不仅能抵挡炙热的阳光，还能抵御刺骨的寒风。"咚咚咚"，听啊，这群动物又开始工作了……

精挑细选

松貂这个小家伙将自己照顾得很好，它会根据气温的变化选择适合自己居住的巢穴。树洞或灌木丛是松貂首选的建巢地点，如果天气稍冷点儿，松貂就会搬到石缝中居住，真是一点儿也不用人操心呢！

日出而歇

个头不是很大的倭狐猴主要生活在热带雨林地区的树洞中。倭狐猴拥有一张与我们截然相反的作息表。月亮爬上夜空，你已进入梦乡，而倭狐猴才准备为食物奔劳；太阳升起时，你得准备起床了，而忙了一晚上的倭狐猴才刚要回树洞歇息。

日落而作

眼镜猴主要生活在东南亚的森林中，它的体形和家鼠差不多大。眼镜猴喜欢栖息在无花果树的树洞或树缝中。对于眼镜猴而言，白天的生活是悠闲的，它们会成群地聚在一起睡睡觉、发发呆。到了晚上，眼镜猴就忙起来了。毕竟，饿肚子可不太好受，得努力捕食才行啊！

童年回忆

蓝黄金刚鹦鹉选择把巢筑在枯死的棕榈树里。蓝黄金刚鹦鹉的宝宝出生在树洞中，接下来十周左右的时间，它们都要待在这里。直到能自由地飞翔，它们才会离家到外面闯一闯。可以说，枯死的棕榈树盛载着蓝黄金刚鹦鹉的全部童年回忆。

欢迎来我
家玩哟！

企鹅的自我介绍：我叫企鹅，
主要居住在南极。我的背部
呈黑色，腹部呈白色。磷虾、
乌贼、小鱼等都是我喜欢的
食物。对了，我很擅长游泳哟。

你是不是很好奇，可爱的企鹅究竟住在哪里，难道它们住在晶莹剔透的冰屋
里？当然不是，无冰区的石洞才是企鹅的最爱。企鹅会选择入口狭窄的石洞作为
自己的家。为了赢得伴侣的青睐，企鹅偶尔也会自己动动手，用漂亮的鹅卵石筑巢。
看来，用石块儿筑巢也是一个不错的选择哟

石头下面

石头下面藏着什么？原来是蜈蚣呀！由于蜈蚣有很多双"足"，所以它又被叫作"百足虫"。蜈蚣格外喜欢待在潮湿、阴暗的地方，因此，它们常常躲在石头底下。藏匿在石头下的蜈蚣可不止是为了休息，更是为了埋伏猎物哟！

石下公寓

有"西瓜虫"之称的鼠妇喜欢居住在石下，虽然"石下公寓"十分简陋，但这却是鼠妇的理想生活空间。鼠妇长有独特的适应潮湿环境的呼吸器官，生活在阴暗、潮湿的地方对鼠妇来讲其实是一件享受的事。

以石为家

许多动物都会利用石头建巢，有些动物甚至懒得二次加工，干脆直接住在石下。蜈蚣、鼠妇、盲蛇、泥鳅……都喜欢躲藏在石头下。潮湿阴冷的石下"房屋"，真的适合居住吗？别怀疑，这些小动物会帮你找出答案。如果你好奇住在石下是一种怎样的体验，不妨和我一起去采访采访它们。

躲避天敌

泥鳅是常见的鱼类之一，河中、池塘中常常可以看到它的身影。为了躲避天敌，泥鳅常常躲在水中的石头下面。一旦敌人靠近，它就会迅速地从一块石头溜到另一块石头下，是不是很机灵？

不见天日

盲蛇的身形十分小巧，它和蚯蚓长得非常像。因为盲蛇喜欢生活在阴暗、潮湿的环境中，所以阳光明媚的白天很难找到它。等到晚上或雨后，盲蛇就会现身啦！如果白天你有急事找盲蛇，不妨去石头下或岩石缝中找找看，它很可能就躲在那里。

创意十足

住在印度洋和太平洋的章鱼会在礁石上挖洞，作为自己的家。章鱼很会将废物再利用，吃完猎物的肉后，猎物的甲壳并不会被章鱼丢弃。章鱼会将这些甲壳带回家，堆在家门口，达到装饰的效果，是不是很有创意？

花鼠有两个洞，一个洞用来春夏时期居住，另一个洞用来越冬。越冬的洞和春夏时期居住的洞会稍有不同：越冬洞的洞道要深一些，洞口也会放一些掩蔽物来遮盖入口，以免其他动物来打扰它冬眠。

知识扩展

花鼠的自我介绍：我叫花鼠，除了越冬洞，我还会修一个较浅的洞，并开设多个洞口，以便遇到危险时能在第一时间逃跑。

18

耐心蜕变

如果你问蝉，它的优点是什么，蝉可能会骄傲地回答你：是耐心。幼年时期的蝉主要生活在泥土中，它们甚至要在土中生活 17 年左右。这段时间，蝉会用口器吸食植物根部的汁液来保证自己身体所需的营养。漫长的等待，使蝉更加珍惜来到地面上的时光。

地下生活

动物界有这么一群居民，它们常年居住在地下，为减轻地面负担做出了不小的贡献。炎热的天气、拥挤的地上交通、有利挖洞的身体构造……使它们更倾向居住在地下。不过，有些动物还是非常向往地面生活的。但为了自身的安全，没有长大之前，它们只能选择暂居地下了。

新旧合一

獾的洞穴在地下，粗壮的爪子是它们的挖洞利器。獾这个家伙十分聪明，即使已经挖了新洞，它们也不会抛弃旧洞。它们会时不时整理、清扫旧家，等新家建好后，獾只需将新家和旧家连接起来，就能拥有一座超级大的房子啦！

长居地下

星鼻鼹鼠即使行走在错综复杂的隧道中也不会轻易迷路。挖隧道并不是件轻松的事，还好星鼻鼹鼠长着大大的前爪。星鼻鼹鼠长期居住在地下隧道中，只有在玩耍和想要透透气时，它才会钻出地面。

多条退路

白天想找到耳廓狐可能会有点儿困难。耳廓狐生活在沙漠，为了躲避高温，白天它就窝在洞穴里睡大觉，等到晚上才出来活动。在挖洞时，耳廓狐会给洞穴多建几扇"门"，一旦发现敌人闯入，它们就会迅速地从其他出口撤离。

地下建巢

炎热的天气使熊蜂焦躁不安，于是，它选择将巢筑在阴凉的地下。熊蜂会用自己的下颌在松软的土地上挖出一个几厘米深的洞作为自己的巢穴。当然，如果能"捡"到废弃的老鼠洞作巢，那就更好啦！

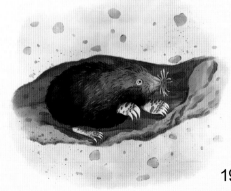

大多数的苍鹭喜欢把家建在河流旁的树上或水草中。苍鹭的巢是由雄鸟和雌鸟共同建造完成的。一般情况下，雄鸟负责搬运筑巢所需要的树枝和枯叶，而雌鸟则负责修建巢穴，一星期左右，它们的家就能建好咯！

知识扩展

苍鹭的自我介绍：我是苍鹭，属于猛禽。我主要居住在树上、芦苇丛中或水草中。鱼、虾、兔子、黄鼬、泥鳅、蛙等都是我喜爱的食物。

20

临水帐篷

咦，河坝前怎么有一顶树枝搭建的帐篷？原来是河狸的家呀！河狸常常把家建在水坝前，这就意味着它们选址要非常谨慎。如果选址出了问题，那它们的家就很容易被水流冲毁。建巢时，河狸还会特意留出一条水下入口，那可是它的逃生密道哟！

傍水而居

为了能够吃好，许多动物把筑巢地址选在了接近食源的地方。对于以鱼、虾为食的动物来讲，在水边安家真是明智的选择。如果饿了，不用走多远，它们就能捕捉到猎物；如果渴了，只需走几步，就能喝到水啦！是不是超级方便？吃饱之后，它们还能携家人、同伴去水边散散步，这样的生活真是太惬意了。

神秘沙洞

快看，沙滩上有好多小洞啊，猜猜是谁干的？没错，"罪魁祸首"就是沙蠋。沙蠋以泥沙为食，对沙蠋而言，吃沙不仅可以填饱肚子，还能得到一个栖身之所。这种一举两得的本领，也太让人羡慕了吧！

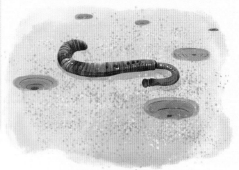

优选住址

河堤上散布着的洞很可能就是翠鸟的杰作。翠鸟很喜欢吃鱼，于是，它们便将巢建在了河堤上，这样捕起鱼来就方便多了。选好地址后，翠鸟会用坚硬的喙将河堤上的土一点儿一点儿地啄下来，直到挖出一个可以栖身的洞。

温暖羽毛房

春天来啦！春天来啦！野鸭妈妈要准备生宝宝了。在生宝宝之前，野鸭父母会先在河流旁的草丛或洞穴中修建一座"房子"，而建房的主要材料就是野鸭自己脱落的羽毛及植物的茎叶。能在这样暖烘烘、毛茸茸的"房子"中出生并长大，野鸭宝宝真是很幸福呢！

捕鱼水路

水獭喜爱的主食是鱼，因此，水獭选择把巢穴建在河流两岸的树下、石下或草丛中。通常情况下，水獭在挖洞穴时就会备出好几条通道，且每条通道都通往不同的方向。贪吃的水獭还特意修建了一条"水路"，可以直接通到河里。这条通道是水獭为了捕鱼特意修建的，只要能吃饱，费点儿力也值得了！

21

须浮鸥的自我介绍:
我叫须浮鸥。繁殖期时,我的额头呈黑色;非繁殖期时,我的额头呈白色,且头顶具有细纹。

知识扩展

　　须浮鸥常常把巢建在浅水区域。它们会用芦苇、蒲草、眼子菜等轻盈的材料在水面上建巢,小须浮鸥就是在漂浮的"房屋"里长大的。须浮鸥拥有着高超的飞翔本领,它们可以保持在同一地方飞动。瞧,这只须浮鸥妈妈正飞在空中给水面上的须浮鸥宝宝喂食呢,这画面也太温馨了吧!

高度掩护

潜鸟不仅擅长飞行，还擅长游泳，因此它们常常把巢建在紧靠水边的草丛中，这样它们就多了一条逃生通道。潜鸟的巢很简陋，大多以水生植物作支撑，再用干枯的草叶堆砌出一个浮巢。潜鸟父母外出觅食时，潜鸟宝宝就安静地在巢穴中等待。有茂密的水生植物作掩护，想必也不会太危险。

漂浮的育婴房

狗鲨宝宝的"房间"很精致。狗鲨会将卵产在浅水区域的水草上，接着再用形状各异的角质鞘将卵包裹起来，而角质鞘上的卷须可以将角质鞘固定在水草上。这样，狗鲨宝宝就不会轻易被水冲走啦！

漂浮之家

谁说没有地基不能建巢？有群小动物偏要反其道而行之——把巢建在水面上。漂浮在水面上的巢穴，看似结构简单，实则修建起来更加困难。什么，你在担心巢穴会被水流淹没？放心吧，这些聪明的小家伙早就想到了解决办法。用轻盈材料建出来的浮巢就能随着水的波动上升或下降啦！更重要的是，浮巢还能帮助"水上居民"躲避陆上敌人的攻击。

泡沫小屋

刚出生的蛙宝宝会在水面上的泡沫小屋里暂住一段时间。蛙妈妈会将卵产在叶片上，产卵时，蛙妈妈还会分泌出一种黏液，这种黏液是建造"育儿房"的最佳材料之一。蛙爸爸会用后腿将黏液搅拌成泡沫状，接着再黏合一些枝叶，这个"宝宝房"才算完工。

简陋的家

水雉的家相当简陋，它们常常用干草叶和草茎在芡实叶、莲叶、百合叶等大型水生植物上建巢。它们的巢穴一般不大，像十分轻薄的"圆盘"。只要可以确保鸟蛋不会掉入水中，这个巢就算是建好了。

安全意识

凤头䴙䴘会用树枝和水草在芦苇丛中建一个浮巢，再在里面铺上一层软软的海草。凤头䴙䴘是一对安全意识极强的父母。外出觅食前，它们会先用海草将蛋宝宝遮盖住；回家时，它们也会格外小心，生怕一不小心就暴露了巢穴的位置。

海兔长着两对触角，其中一对长长的触角很像兔子的耳朵，故因此得名。其中，紫海兔喜欢在水质清澈、海藻遍布的海洋中安家。紫海兔掌握了一套独特的避敌本领：吃了哪种颜色的海藻，其身体颜色也就会变得和这种海藻一样。是不是超级厉害？

知识扩展

海兔的自我介绍：我是海兔，也被称作"海中变色龙"，这是因为我可以根据吃不同颜色的海藻来改变自己的体色。对了，海藻是我最喜欢的食物哟。

24

躲避天敌

炮弹鱼长着锋利的牙齿，它的牙齿甚至能咬碎石珊瑚，因此，很多鱼都惧怕炮弹鱼。然而，炮弹鱼这个水下"小霸王"也有胆小怕事的时候。若遇到天敌，它就只能灰溜溜地逃跑。遇到危险的炮弹鱼会迅速地躲进岩石缝或珊瑚丛中，接着它会将自己的背鳍竖起来，将身体紧紧地固定在其中，任谁都不能将它拖出来！

水下世界

大部分的"游泳健将"都喜欢在水中安营扎寨。你是不是很好奇，生活在水下是怎样一幅场景，那就和我一起去瞧瞧：潜水钟蜘蛛给自己建造了一座奇特的气泡房，炮弹鱼正在为大家演示它独特的逃生本领，隆头鱼正在给邻居们做清洁，鹦嘴鱼也在向大家推荐它的"睡衣"……看来，它们过得挺不错呢！

安全"钟"房

蜘蛛在我们的生活中随处可见，可是你见过生活在水中的蜘蛛吗？潜水钟蜘蛛就生活在水中。在水中怎么呼吸呢？不用担心，它有自己的呼吸小妙招。潜水钟蜘蛛会用身体的细毛将气泡带入水中，反复几次后，它就能拥有一个大大的钟状空气罩了。而它吐出的丝便是用来固定气泡的。

漂亮的家

隆头鱼主要生活在热带或温带地区的浅海里，它们喜欢定居在珊瑚礁中。让人想不到的是，隆头鱼还是个热心肠，它会经常给海中的邻居做清洁。隆头鱼会将其他鱼类身上的寄生虫和老化的组织全部捡食光光。

自制睡衣

鹦嘴鱼生活在珊瑚礁中。有意思的是，鹦嘴鱼在睡觉前，会给自己织一件"睡衣"。鹦嘴鱼织"睡衣"的材料就是它嘴中吐出的白丝。最多几个小时，它就能给自己织出一个囫囵的壳，这就是它的"睡衣"了。

家住深海

哇，这条鱼也太酷了吧！它的下颌处竟长着一截像树根一样的"胡须"。树须鱼生活在深海中，为了防止被偷袭，身形短胖的它常常躲在珊瑚丛或礁石中。树须鱼的头上还长着能发光的"诱饵"，看到诱饵后，一些小鱼就会好奇地凑到树须鱼面前，树须鱼就会趁机将其抓住。

楼道、楼房的雨搭下、墙缝中……都能看见楼燕建的巢。因为楼燕可以帮人们消灭蚊虫，因此，人们很乐意和楼燕做"邻居"。在楼燕受到袭击时，有的人还会施以援手。可以说，楼燕是与人类相处最融洽的动物之一了。

知识扩展 ➡

楼燕的自我介绍：我叫楼燕，除了繁殖期，我几乎不会落地。我喜欢吃各种各样的昆虫，尤其是飞行性昆虫。我的飞行速度极快，每小时约110千米。

暗黑行动

蟑螂是城镇的"土著居民"。因为蟑螂喜欢在温暖、潮湿、食物充足的地方定居，所以人类的家自然就成了它们的首选。若是找到令它们满意的场所，它们还会带着家人、朋友一起来借住。白天，蟑螂会躲在家具、墙壁的缝隙中休息；等到晚上人们熄灯后，它们才会大摇大摆地出来活动，寻找"免费"的食物。

城镇居民

如今，城镇的规模不断扩大，为了适应环境，不少动物把"家"从林间搬到了城镇。这些动物大多数没有挑食的习惯，人类丢弃的食物就能满足它们的进食需求。这些动物会把巢穴建在路边的树上、电线杆上，有些爱偷懒的动物甚至还会毫不客气地在人类的家中建巢。

高楼大厦

最初，游隼喜欢在林间、河谷、沼泽等地建巢。如今，游隼越来越喜欢在城镇的高楼大厦上建巢，它们会用收集来的枯枝、动物羽毛及植物茎叶建巢。有时，游隼也会偷个懒，直接占用乌鸦的巢。这样做虽然省时又省力，但并不值得提倡哟！

为食改变

人类的垃圾堆可以为乌鸦提供充足的食物。为了过更好的生活，如今，越来越多的乌鸦开始从林间迁往城镇。搬到城镇生活的乌鸦会在大楼的顶部、街道的电线杆或树上筑巢，它们会用粗壮的树枝、柔软的动物羽毛、坚韧的植物茎叶混上泥土建成一个巢。

为食冒险

人类的生活区有着各种各样的食物。丰富的食物让老鼠宁可冒着生命危险也要去人类的房子里闯一闯。老鼠经常在人类的粮仓、库房及厨房中挖洞建巢。有时，它们还会直接住进下水道里。

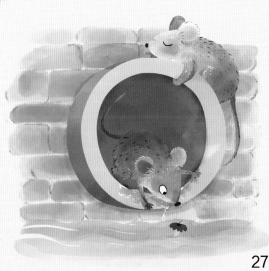

27

收割鼠是个讲究的家伙，它们夏天会选择住在凉快的球形巢中，冬天则住在温暖的地下巢穴里。夏天的时候，收割鼠会用枯草在灌木或草丛上建巢，编织好的球形巢就悬挂在木枝或草茎上。风一吹，球形房屋就会晃动，好像在荡秋千一样，好玩极了！

知识扩展 ➜

收割鼠的自我介绍：我叫收割鼠，是世界上最小的啮齿类动物之一，我的尾部几乎无毛。我主要居住在草丛中、灌木丛中或树木上。昆虫、植物种子等食物是我的最爱。

这可不是皮球哟！这是我的家。

球形房屋

织布鸟的巢主要由雄鸟建造完成，而雌鸟则更像是一个"监工"，只要雌鸟不满意，雄鸟就会毫无怨言地将巢拆除重建。细长的植物茎叶是织布鸟编织"爱巢"的主要材料。织布鸟会先织一个圈，接着再不断地往里面填充材料，直至巢变成一个"空心球"，才算大功告成。

编织高手

和人类一样，动物界中也有一群心灵手巧的成员，它们的巢是它们用植物茎叶一点儿一点儿编织出来的。编织巢穴是个大工程，一时半会儿可完成不了，这也考验着它们的耐心。然而，有些动物对巢穴的质量要求极高，稍不满意，就会拆了重建，还好它们足够耐心，经过一遍遍的重建，终于建出了令自己满意的巢穴。

防晃妙招

攀雀把巢建在了芦苇丛上。这就意味着，如果巢穴不够重，风轻轻一吹，攀雀宝宝可能就要在巢穴中摔跟头了。于是，成年的攀雀想到了一个办法，它们会收集大量的柳絮、花絮、动物绒毛来增加巢穴的重量，这样，巢穴就不会轻易地摇晃啦！

织网捕食

说起编织高手，那就不得不提蜘蛛了。蜘蛛很擅长织网，这些网不仅可以用来居住，还能用来捕食。值得注意的是，蛛丝其实是没有黏性的，那蛛网是如何黏住昆虫的呢？蜘蛛可以分泌一种黏液，织网的时候，蜘蛛会将这种黏液仔细地涂抹在网上，这样蛛网也能具备黏性了，蜘蛛也太机智了吧！

悬挂的家

黄鹂夫妇会一起筑巢。你瞧，这些干草、枯枝、树皮、草茎及蛛丝都是它们找来的建巢材料。黄鹂的巢悬挂在树梢上，就像是一个吊篮。黄鹂还会在"吊篮"里铺上一层柔软的动物羽毛或草穗，这样住起来就更舒服啦！

杯形房屋

家的大小可以随着住户体形的增长而扩大，这听起来是不是很不可思议？别怀疑，蜂鸟的家就能做到。蜂鸟的巢形状就像是一个杯子，"杯子"是用蛛丝、苔藓及植物纤维编成的，而使房屋变大的秘密武器就是富有弹性的蛛丝。

什么？蜗牛居然要背着螺旋状的"房屋"行走，它不累吗？放心吧，蜗牛的"房屋"十分轻巧，背着"房屋"行走并不会影响到它们的日常活动。若是感受到危险，蜗牛还可以迅速地躲回"房"中。看来，随身背着房屋还是有好处的！

知识扩展 ➡

看，我的房屋可以随身携带，是不是很酷？

蜗牛的自我介绍：我是蜗牛，是世界上牙齿最多的动物。尽管我长着数万颗牙齿，但是它们并不能咀嚼食物。你是不是好奇，我用什么咀嚼食物？没错，我的咀嚼利器就是齿舌。

随身携带

"游泳健将"玳瑁是许多陆龟羡慕的对象，它能在水中自由地遨游。不过，这得归功于玳瑁的外壳。玳瑁的外壳轻便，就像是一件便携的"泳装"。美中不足的是，玳瑁的"泳装"虽然方便，却不能像陆龟那样——能完全容纳它们的头部和四肢。得知这个消息，想必陆龟心里会平衡很多吧！

便携的家

在动物界，有这么一群动物，它们会将家随身携带。说走就走的旅行对它们来讲，是很容易实现的事，因为无论它们走到哪里，都有可以居住的地方。遇到危险，立即躲回家中；累了困了，进屋里睡一觉。瞧，这多方便啊！这样的生活，是不是很令人向往？

多功能房屋

分室鹦鹉螺的外壳看起来不太大，让人难以想象的是，壳的内部竟分为了30多个"房间"，最大的"房间"就是它的"卧室"。而其他的房间，则是用来调节壳内空气的，帮助它在海里上下运动。瞧，分室鹦鹉螺房子的功能可真不少哇！

坚硬的房子

海螺主要居住在海洋的浅水区域。海螺柔软的身体就藏在它那又大又厚，而且十分坚硬的外壳中。饿了的时候，海螺就会小心翼翼地将身体探出壳外寻找食物，待吃饱喝足后，它便又躲进"房子"里了。

寻觅新家

随着寄居蟹一天天地长大，它现在居住的"房屋"已经稍显拥挤了，于是，它开启了找"房"之旅。寄居蟹发现了一只海螺，待它填饱肚子后，又大又漂亮的海螺壳就成了它的"新家"。找到"新家"的寄居蟹并没有停下脚步，它还想去碰碰运气，找一个更大更舒适的"新家"，这也太贪心了吧！

随波逐流

文蛤十分害羞，它常常躲在"家"里，因此，我们很少有机会见到它的真面目。因为文蛤喜欢在低潮区居住，所以，当潮水移动时，文蛤就不得不跟着潮水移动。等退潮后，文蛤便又会藏起来。

住在地下的黑尾土拨鼠颇具建筑天赋，它们的巢穴就像一个大大的城镇，"城镇"里的"居民"可以共享食物等资源。黑尾土拨鼠还很擅长挖地道，它们会用错综复杂的地道将卧室、储藏室及守卫室连接起来。遇到危险时，这些地道可就派上大用场啦！

知识扩展

黑尾土拨鼠的自我介绍：我是黑尾土拨鼠，我十分擅长挖洞。我爱吃的食物有野牛草、小麦草、仙人掌等。值得一提的是，与其他土拨鼠不同，我是不冬眠的。

资源共享

獾会和家族成员一起居住在豪华的"地下别墅"里。大大的"别墅"里设置了多条隧道，其中只有几条隧道能成功通往地面。复杂的隧道使"别墅"看起来更像是一座迷宫，若不幸闯入它们的家，就会很难找到出去的路！

地下群居

住在地下的裸鼹鼠过着群居生活，它们的大家族分工十分明确。一只雌性的裸鼹鼠和几只雄性的裸鼹鼠负责繁衍后代，而其他裸鼹鼠就担任工人的角色，负责搜寻食物、养育宝宝及建造巢穴。

集体宿舍

为了彼此有个照应，许多动物会选择住"集体宿舍"。它们会一起挑选建巢地点，一起收集建巢材料，一起修建巢穴。一段时间下来，它们之间的感情也变得更牢固啦！不仅如此，居住在集体宿舍的它们还学会了分享呢！

庞大家族

几乎所有的白蚁都过着群居生活，这就要求它们得有一个大大的巢穴。白蚁分工明确，它们的巢穴一般由工蚁建造完成。工蚁会将唾液混在建巢的材料里，这样建出来的巢穴会稳固很多。等巢建好后，工蚁还得负责维护工作。唉，也不知工蚁何时才能休息休息。

分工明确

群居织巢鸟十分喜欢热闹，因此它们选择和自己的亲戚朋友住在一起。建"集体宿舍"是个大工程，还好它们会集体协作。建巢前，群居织巢鸟会先选一颗牢固的大树，接着用草叶及树枝在树上建一个大大的巢。建好的巢会被分成多个"房间"，每个"房间"都有自己的"房门"。令人惊叹的是，有的"集体宿舍"甚至能容纳上百位家族成员。

集体搬家

"嗡嗡嗡"，几只侦察蜂正在讨论着搬家地点。没错，它们要准备搬家了。随着集体宿舍中的成员不断增加，集体宿舍开始变得越来越拥挤。于是，蜂后便带领一部分工蜂去其他地方筑新巢。这样它们就又能拥有一座宽敞、舒适的房屋了。

缎蓝园丁鸟具有极高的审美能力，比起建巢，它们更擅长装修。巢穴建好后，缎蓝园丁鸟还会建出两道"篱笆"。接着，它会用蓝色的动物羽毛、瓶盖、纸片、色彩鲜艳的浆果等来装饰自己的"庭院"。瞧，它的"家"是不是变漂亮了很多？

知识扩展

园丁鸟的自我介绍：我叫缎蓝园丁鸟，主要以果实为食，偶尔也会吃一些树叶、花蜜和花。为了求偶，雄鸟会搭建结构复杂、外形精致的求偶亭，我们也因此而得名。

保证食源

穿山甲常常把越冬洞建在背风、向阳的平原地区。白蚁是穿山甲最爱的食物之一。所以，在修建越冬洞时，穿山甲还会将巢穴的地址选在靠近白蚁丘的地方。即使在食物短缺的冬天，也不用为如何填饱肚子而发愁啦！

优秀建造师

即使没有温度计，它们也能控制巢穴的温度；即使在食物短缺的冬天，它们也能轻易地在巢穴附近找到充足的食物；即使没有五颜六色的涂料，它们也能把巢穴装饰得漂漂亮亮的……你问我它们是谁？它们就是动物界中的建造师。想知道这些建造师是如何做到的吗？那就跟我一块儿去探秘吧！

分门别类

大多数的刺猬都很勤劳，它们会建三个不同功能的家：育儿房、纳凉房、越冬房。春天，刺猬会在清净的育儿房里哺育后代；炎热的夏天，怕热的刺猬会待在凉快的纳凉房中；等到冬天，怕冷的刺猬就会躲进越冬房里避寒。

两口之家

弹涂鱼常常在低潮区的滩涂处建巢，它们的巢穴由正孔口、后孔口及孔道三部分组成，宛若一个"Y"字。其中，正孔口是巢穴的"大门"，用来出入；而后孔口则用来换气，同时也是巢穴的"后门"。

自带"温度计"

灌丛火鸡喜欢用泥土或砂石混合着植物建巢，这种巢穴非常保暖。灌丛火鸡的喙部长着可以感应温度的器官，它只需用喙铲一撮泥土，就能测量出巢穴的温度。灌丛火鸡宝宝出生后，灌丛火鸡爸爸甚至还能将巢穴的温度控制在35℃左右，这样的温度十分适合灌丛火鸡宝宝的成长。灌丛火鸡爸爸真的是尽职尽责！

最具创意奖

动物界举办了"最具创意的巢穴"评比活动，猜一猜，是谁获得了冠军？没错，是鹰。鹰的家看起来很奇特，那是因为它的家是用骨头、铁丝及枯木枝搭建而成的。能想到用这些特殊的材料建巢，真是太有创意了！

天渐渐亮了，这只赤狐开始变得急躁起来，为食物奔波了一整晚，它真累坏了，急需休息。可是，到现在，它还没有找到合适的洞穴。你知道吗？只有很少的赤狐会自己挖洞筑巢，而大多数的赤狐会直接搬到其他动物丢弃的洞穴中居住。

知识扩展 ➔

赤狐的自我介绍：我叫赤狐，也叫红狐、火狐。我主要居住在森林、草原、丘陵等地。我被引入澳大利亚后，对当地哺乳动物和鸟类造成了危害，因此我被列入了"世界百大外来入侵物种"名单。

时常借住

小型猫头鹰穴鸮主要生活在沙漠、草原等地的地下洞穴中。它们中有的是自己建巢，有的则借住在其他动物的巢穴中。要是能捡到草原犬鼠挖好的地道作巢，那就更棒啦！毕竟，在地道里捕杀猎物，会容易很多。不过，穴鸮有个小怪癖，它们喜欢用臭臭的动物粪便来装饰自己的家，真是让人难以接受！

不劳而获

大灰鹩、赤狐、红脚隼等动物很少自己动手建巢，那它们居住在哪里呢？原来，这群懒家伙有的会捡取其他动物的旧巢作巢，有的会居住在自然形成的树洞里。总之，它们能不动手就坚决不会动手。然而，那些找不到现成巢穴的动物就只能挨冻了。但，谁叫它们不勤快一点儿呢！懒惰可不是个好习惯，小朋友要引以为戒哟！

直接占用

大灰鹩也是个懒家伙，并且十分的霸道。大灰鹩不喜欢自己动手筑巢，于是它们就只能另想办法了。它们会找枯树树桩上的凹槽作为巢穴，如果找不到也没关系，因为它会直接占用其他鸟类的巢穴，真是太过分了！

变废为宝

雌林鸳鸯喜欢在树洞里产蛋和孵化幼崽。快到繁殖期时，林鸳鸯妈妈会寻找腐烂的树洞或被其他动物抛弃的树洞作巢。等到幼鸟孵化后，林鸳鸯妈妈就会带着林鸳鸯宝宝飞到树下生活。这种"变废为宝"的行为，值得我们学习哟！

鸠占鹊巢

红脚隼会将巢筑在高大的乔木上，巢穴的侧面会开设两扇"门"，出入十分方便。不过，红脚隼可不喜欢筑巢。它们常常会占用喜鹊的巢穴，"鸠占鹊巢"中的"鸠"指的就是它。

瞒天过海

如果你问动物界最懒惰的家伙是谁，我想，很多人会毫不犹豫地告诉你，是大杜鹃。大杜鹃极其懒惰，它们不但不会自己动手建巢，还不会亲自抚养后代，它们会将后代寄养到其他鸟类的巢穴中。而大杜鹃自己则居无定所，若运气足够好，它们就能用其他动物遗弃的巢穴作巢了。

37

黄胸织布鸟的自我介绍：我叫黄胸织布鸟，我设计的巢穴十分巧妙，有两个出口，其中一个口是真正的进出口，另一个口十分隐蔽，通向孵化育雏之所。另外还有一个大敞的口，则是为了欺骗天敌。

　　黄胸织布鸟的巢一般由雄鸟独自完成。一只雄黄胸织布鸟来到了稻田中，它用喙紧紧地咬住了稻叶，随后向着空中飞去，一根叶丝就到手啦！这只鸟带着叶丝回到了"施工现场"，它要继续编织它的巢穴了。一个完整的巢穴由成百上千根叶丝编成，搬运叶丝便成了苦力活。一趟接着一趟，就算再辛苦，它也不曾抱怨过什么。

勤奋小工

你是不是很好奇，这高耸的土堆究竟是什么？其实这是白蚁的巢穴，白蚁的巢穴算得上是一大奇观了。它们的巢穴是由几十吨泥土建成的，高高的巢穴甚至有9米之高。让人难以想象的是，这高大的巢穴竟是由全盲的工蚁用一粒粒沙土建成的。可能这就是所谓的"蚁多力量大"吧！

施工现场

"叮叮咣咣——"这是哪里传来的声音？原来，我们一不小心误入了动物们的施工现场啊！"嘿咻嘿咻"，工蚁们正喊着口号搬运泥沙呢；"呼哧呼哧"，黄胸织布鸟累得正大口大口喘着气，它从远方运回了叶丝；"嘿呀嘿呀"，黄柄壁泥蜂正在用力地揉搓着泥球……你瞧，尽管很累，它们却丝毫没有停歇的意思。

最后一步

繁殖期时，犀鸟会用自然形成的树洞作巢。它们会在洞底垫上一层腐朽的植物碎屑，接着再铺上一层柔软的羽毛。你以为"产房"就这样竣工啦？事实上，还差最后一步呢！等雌犀鸟搬进去以后，在外的雄犀鸟会将洞口封起来，只留一条喂食的小缝。为了宝宝能安全地长大，犀鸟父母真是费尽了心思！

运土能手

木蚁的巢穴主要由工蚁建造完成。工蚁会把从地下挖出的泥土或沙子一点儿一点儿地运到地面，堆在巢穴的入口处，形成蚁丘。木蚁喜欢把建巢地点选在阳光明媚的地方，这样蚁丘就能充分地吸收阳光，达到保暖的效果啦！

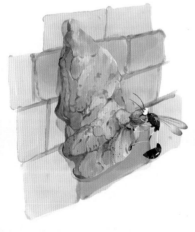

泥球运输工

黄柄壁泥蜂住在保暖、坚实的泥巢中。没有运输工具的黄柄壁泥蜂是怎么运输搭建泥巢的泥的呢？黄柄壁泥蜂一般会先用颚配合前肢将湿润的泥土揉搓成一个个小泥球，这样运输起来就能方便很多！

每到 4 月，金肩鹦鹉就要准备繁殖了。繁殖之前，它们会先建一个可以栖身的巢。金肩鹦鹉的巢穴一般由雄鸟建造，它们喜欢把巢建在温度与湿度相对稳定的半圆形土堆上，所以白蚁丘就成了金肩鹦鹉建巢的首选地点。建巢时落下的土渣还能让周围的飞蛾幼虫饱餐一顿。我想，这些幼虫一定很感激金肩鹦鹉吧！

知识扩展

金肩鹦鹉的自我介绍：我叫金肩鹦鹉，是澳大利亚东北部的特有物种，是濒危动物之一。我主要生活在林地、草原等地，喜欢吃浆果、植物种子等。

肠道中的家

有的动物不想筑巢，就会捡其他动物的巢穴作巢。潜鱼就不一样了，不想筑巢的它会直接住进其他动物的身体里。潜鱼喜欢居住在海参的肠道里，饿了的时候，潜鱼甚至还会吃掉海参的内脏。潜鱼真是个恩将仇报的家伙！

别具一格

你以为树上巢穴、水上巢穴就很独特了？那你也太小看动物们了。动物们的创造力十分惊人：它们中有的直接把家安置在其他动物的身体里，有的则可以用简单的材料搭建出精致的"房屋"，还有的动物会将家修建在其他动物的巢穴上……走，和我一起去这些动物的家中做做客吧！

叶片房屋

身形小巧的洪都拉斯白蝙蝠是个搭"帐篷"的高手，它们仅用叶片就能搭出既精致又漂亮的"帐篷"。洪都拉斯白蝙蝠会选择用又大又宽的芭蕉树叶或香蕉树叶筑巢，它们将叶片卷曲成帐篷状。"帐篷"搭好后，它们就会成群地聚在"帐篷"中休息。

神秘小疙瘩

瞧，这只雌性鮟鱇鱼的身上长着个小疙瘩，它是不是生病了？别担心，那些小疙瘩其实是雄性鮟鱇鱼。雌性鮟鱇鱼和雄性鮟鱇鱼的体形差异较大，所以，雄性鮟鱇鱼就能寄居在雌性鮟鱇鱼的体内了。是不是很神奇？

自制"婴儿房"

为了宝宝的安全着想，切叶蜂会给宝宝制作一个独特的保护套。切叶蜂用颚割下了一块叶片，它将叶片的一端封了起来，接着把蜂蜜和花粉放入绿叶中，作为宝宝的粮食。最后，切叶蜂将卵产在里面，封好叶片的另一端，一个非常安全的"婴儿房"就建好啦！

日抛的家

大多数的猩猩都有个奢侈的习惯，那就是"日抛"旧巢。睡觉前，猩猩会花半个小时左右的时间来搭建新巢，日复一日，它们一点儿也不嫌麻烦。勤劳的猩猩虽然值得被表扬，但是，浪费可不是个好习惯哟！

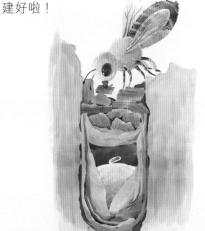

嘿嘿，这个房子是我的咯！

知识扩展 ➡

獾的自我介绍：我叫獾，主要居住在山坡灌丛、沙丘草丛、田野等地，喜欢吃植物的根茎、昆虫、果实等。中国常见的有狗獾、猪獾和鼬獾。其中，居住在北方的獾有冬眠的习性。

因为獾的巢穴很宽敞，而且又有许多逃生的洞口和通道，所以，懒惰的狐狸就将主意打到了獾的巢穴上。獾是种很讲卫生的动物，为了不弄脏巢穴，它们几乎不在自己的洞穴中大小便。于是，狡猾的狐狸就故意跑到獾的巢穴中大小便，有"洁癖"的獾当然无法忍受啦，干脆大方地把巢"送给"了狐狸。

真讨厌！

砌壳为家

珊瑚虫是海底有名的"工程师"，它们可以分泌出类似石灰的物质，这种物质可以变成珊瑚虫坚硬的外壳。大量的珊瑚虫外壳就组成了美丽的珊瑚礁，而珊瑚礁正是许多海洋生物的栖身之所。多亏有珊瑚虫，不然那些不会建巢的海洋生物就没地方住啦！

房产大亨

"笃笃笃"，一只啄木鸟正在用喙啄树，你以为它在清理树上的虫子，其实它是在挖洞。啄木鸟挖洞的速度很快，用不了多久，它就能挖好一个洞。因此，啄木鸟拥有很多套"房产"。而那些不住的树洞，就送给那群不爱筑巢的动物们吧！

动物慈善家

动物界正在举行一年一届的感谢大会，走，快跟我一起去凑个热闹吧。你问这场大会是谁举办的？是为了感谢谁而举办的？这场大会是不爱建巢的动物们举办的，目的是感谢那些给它们提供住处的动物。在别人的"家"中借住了一段时间，以后可能还得继续借住，它们当然要好好感谢下"房主"啦！

有毒的家

海葵常常用毒液毒杀猎物，以小鱼为食的它却给了小丑鱼特权。小丑鱼不仅可以随意地进出海葵的体腔，甚至还能住在海葵的体腔内。原来，小丑鱼使用了秘密武器，在进入海葵的体腔前，小丑鱼会先给自己覆上一层保护膜，这样海葵就不能伤害它啦！

记性不佳

土豚的洞穴很大很宽敞，十分适合居住。因为土豚的记忆力不是很好，所以它经常忘记自己巢穴的位置。比起找回旧巢，土豚更乐意挖一个新巢，毕竟挖洞可是它的强项。而那些被土豚遗忘的巢穴自然就被蜥蜴、蜜獾等动物借用了。唉，土豚真是太马虎了！

常常借住

幸亏动物界有一群慷慨的动物，不然貂熊就只能"流落街头"了。貂熊基本上不会挖洞，也不会筑巢，所以它常常借住在熊、獾、狐狸等动物的废弃洞穴中。若实在找不到现成的洞穴，它们就只能去岩石的缝隙中将就一晚啦！

43

白鹭会和同伴共同建巢，有时它们还会和其他鹭类混居在一起。牛背鹭、夜鹭、苍鹭等都曾和它们做过"室友"。白鹭的巢穴结构比较简单，它们会用枯草茎和草叶在矮树上或草丛中建成浅碟形的巢穴。

知识扩展

白鹭的自我介绍：我叫白鹭，是厦门市和济南市的市鸟。值得一提的是，墨西哥有一种仙人掌也叫白鹭，属于濒危植物物种。

居无定所

为了保证自身的安全，招潮蟹每隔几天就要换一次巢穴。招潮蟹很喜欢自己挖洞，洞穴的底部需要抵达至潮湿的沙土处，有时，雄性招潮蟹还会给洞穴建一个伞状的顶盖。

居住习惯

每个人都有自己的居住习惯，动物们也是一样。有的动物喜欢独居；有的动物爱热闹，喜欢和同伴居住在一起；有的动物长期定居在一个地方；还有的动物出于安全考虑，会经常搬家……这些看似不同的居住习惯，其实大多是生活环境造成的。来，一起看看动物们还有哪些独特的居住习惯吧！

不建蜂巢的蜂

木匠蜂和其他的蜜蜂稍有不同：它们不会搭建蜂巢。那它们住在哪儿，在哪儿繁衍后代呢？小木匠蜂会在干树枝上建巢，而大木匠蜂则喜欢在树木上挖洞作巢。它们会先在树木上掏出一个洞，再用花粉填充，最后就能安心地将卵产在里面啦！

独居生活

这只非洲象看起来十分苦恼，因为它即将开启自己讨厌的独居生活了。非洲象喜欢热闹，它们过着群居的生活。但雄性非洲象在长到15岁左右时，就会被族群"撵"出去，这时，它们就不得不离开族群。等到交配期间，它们才会被允许回家。

弹性选择

鸬鹚会根据自己的生活环境来选择建巢所用的材料。生活在内陆的鸬鹚会用潮湿的野草在树上建巢；而生活在沿海地区的鸬鹚则喜欢用海草和湿湿的泥巴在海边的岩石上建巢，等巢穴变干后，就会十分坚固。

长期定居

比起那些日抛旧巢的动物，塔兰托毒蛛可要节俭得多，雌性的塔兰托毒蛛会在同一个巢穴居住20年左右。随着塔兰托毒蛛身体的不断增长，它们的巢穴也需要不断拓宽。要想长期定居在同一巢穴中，巢穴就必须牢固，所以它们会用蛛丝来加固巢穴。

　　面对近在眼前的美食，大多数的动物都会忍不住想吃掉它。但兔子就不会。俗话说，"兔子不吃窝边草"，你是不是想知道，是什么原因让兔子放弃了这免费的午餐呢？原来，兔子清楚地知道，那些草可以将它们的巢穴很好地遮挡起来，所以即使它们再饿，也不愿意去吃那些草。有了草的遮盖，鹰再想找到兔子的家，可就没那么容易啦！

知识扩展

野兔的自我介绍：我是野兔，家兔的体形比我大，但它们的耳朵和四肢都比我的短。这是因为我生存的环境比较危险，所以我需要练就更敏锐的听力和更发达的四肢来躲避危险。

一级戒备

眼镜王蛇是一种会筑巢、会孵卵的蛇，它们会用泥巴和树叶建巢。眼镜王蛇会将卵产在建好的巢里，接着便寸步不离地守着巢穴。如果其他蛇类试图接近它的巢穴，它就会毫不犹豫地主动出击。眼镜王蛇很聪明，它可以分辨出对方是否有毒，如果对方有毒，它就会边撕咬边释放毒液；如果没毒，它当然不会浪费毒液啦！

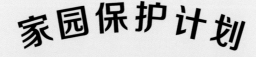

家园保护计划

石巢蜂把巢穴的洞口堵了起来，狼蛛在自己的巢穴中设置了一些"小机关"，黄腰酋长鹂给自己找了位靠谱的邻居，袋熊利用自己身体把入侵者挡在了"门"外……为了不让其他动物闯进自己的家，动物们真是使出了浑身解数。

邻居摄敌

胡蜂不是个善茬儿，聪明的黄腰酋长鹂便把建巢地址选在了蜂巢的隔壁，当其他动物试图接近黄腰酋长鹂的巢穴时，胡蜂就误以为它们是想攻击自己的巢穴，因此，胡蜂就会率先发起攻击。这样其他动物就不敢轻易打它巢穴的主意了。那些被赶跑的动物可能到现在都不明白自己为什么会被胡蜂攻击吧！

高度掩护

狼蛛习惯昼伏夜出，它们常常晚上捕猎，白天"补觉"。住在地下的狼蛛是个"机关高手"，为了不被其他动物打扰美梦，狼蛛会在洞口处盖一些碎石。有的狼蛛还会在入口处设置一面可以活动的盖板来遮挡洞口，增强安全性，是不是很聪明？

多重保护

废弃的蜗牛壳对石巢蜂而言，就是一件来之不易的宝贝。石巢蜂会用废弃的蜗牛壳作"宝宝房"，它们把卵产在蜗牛壳里，接着用杂草和枯叶将蜗牛壳整个盖住。最后再把沙子、树叶和唾液混在一起，封住洞口。这样蜂宝宝就能拥有一个既暖和，又安全的家了。

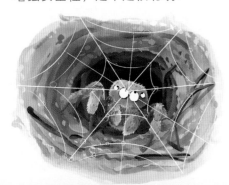

御敌能手

袋熊守护巢穴的方式很有意思。若其他动物妄想进入袋熊的巢穴，袋熊就会倒转身体，用自己身体的后半部将洞口堵住。若入侵者还不肯放弃，那就别怪袋熊不客气了。它会用身体撞击入侵者，这些入侵者经常被撞得头破血流。

47

图书在版编目（CIP）数据

动物家园的秘密 / 马玉玲编著. -- 长春：吉林科
学技术出版社，2023.4
（动物秘密大搜罗）
ISBN 978-7-5744-0184-6

Ⅰ.①动… Ⅱ.①马… Ⅲ.①动物－儿童读物 Ⅳ.
①Q95-49

中国国家版本馆CIP数据核字(2023)第056479号

动物秘密大搜罗·动物家园的秘密
DONGWU MIMI DA SOULUO · DONGWU JIAYUAN DE MIMI

编　著	马玉玲	出　版	吉林科学技术出版社	
出版人	宛　霞	发　行	吉林科学技术出版社	
责任编辑	石　焱	地　址	长春市福祉大路5788号出版大厦A座	
幅面尺寸	226 mm×240 mm	邮　编	130118	
开　本	12	发行部传真 / 电话	0431-81629529　81629530　81629531	
印　张	4		81629532　81629533　81629534	
字　数	50千字	储运部电话	0431-86059116	
页　数	48	编辑部电话	0431-81629380	
印　数	1-7 000册	印　刷	长春新华印刷集团有限公司	
版　次	2023年4月第1版	书　号	ISBN 978-7-5744-0184-6	
印　次	2023年4月第1次印刷	定　价	29.90元	